青少年机器人 STEAM 创客系列教程

初识人工智能

秦志强　编著

電子工業出版社.

Publishing House of Electronics Industry

北京·BEIJING

内容简介

本书通过引导学生探究自己的学习方式和学习过程，初步了解人类智能的基本形式和知识的表达方式，通过制作几种遥控机器人和自主控制机器人，使学生掌握机器人智能即人工智能与人类智能的共同模式，从而了解和掌握最基本的人工智能概念和表现形式，包括沟通智能、计算智能和反应智能等。

本书配有教学教具，具体包括带有 8 个基本功能程序的智能机器人控制器、红外遥控器、红外接收器，以及红外循线传感器和塑料积木，可以制作出各种功能的智能机器人模型。无须学生编程，只需选择控制器上的拨码开关就可以选择不同的智能程序，制作不同类型的人工智能机器人。

本书适合小学一年级及以上的学生和家长使用。

图书在版编目（CIP）数据

初识人工智能 / 秦志强编著. — 北京：电子工业出版社，2018.3

ISBN 978-7-121-33684-3

Ⅰ. ①初… Ⅱ. ①秦… Ⅲ. ①人工智能－青少年读物 Ⅳ. ①TP18-49

中国版本图书馆CIP数据核字（2018）第029495号

策划编辑：王昭松

责任编辑：王昭松

印　　刷：中国电影出版社印刷厂

装　　订：中国电影出版社印刷厂

出版发行：电子工业出版社

　　　　　北京市海淀区万寿路173信箱　　邮编：100036

开　　本：880×1 230　1/24　印张：3　字数：60.5千字

版　　次：2018年3月第1版

印　　次：2018年3月第1次印刷

定　　价：40.00元

目　　录

上学啦！我们怎么学习？

第一：要能听懂老师的讲课

第二：要遵守课堂纪律

第三：要遵守校园秩序

第一种智能：沟通

同学们能够互相沟通，能够互相理解对方的意思！同学们，你们真的好棒！

除了同学之间的沟通，还有和老师的沟通，和爸爸妈妈的沟通，和其他小朋友的沟通！沟通是获取知识和信息的最有效手段！

那么，人与机器人是怎么沟通的呢？

第1课 遥控：人工智能的第一种形式

要使人与机器人的沟通像人与人的沟通一样，需要非常复杂的设备和程序。但是，聪明的人类想到了一种最简单的人与机器人的沟通方式：红外遥控。

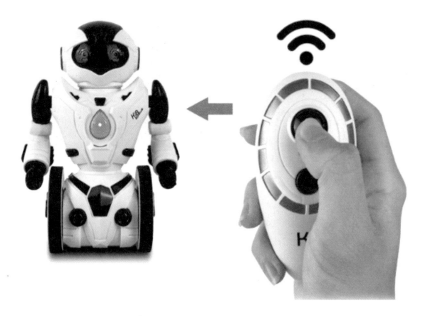

哇，红外遥控器？我们每个人的家里不是都有遥控器吗？

彩电、空调都可以通过红外遥控器打开，选择节目，调节温度。那它们算不算智能设备呢？

当然可以算，而且现在的彩电和空调已经越来越智能了！

能听懂遥控器命令或者指令的智能设备和智能机器人与人一样，都必须有一颗聪明的大脑。机器人的大脑就是智能控制器！

今天来和同学们对话的大脑是 QTSTEAM 控制器（如图 1 所示）。

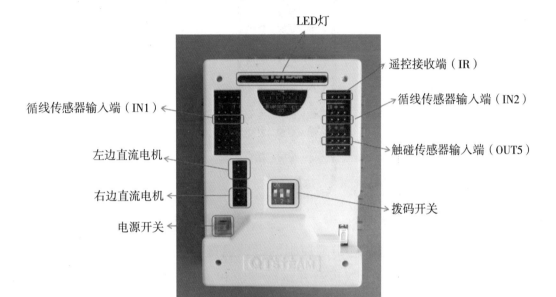

（a）正面

（b）侧面

图 1 QTSTEAM 控制器

还有能够与它对话的遥控器（如图 2 所示）。

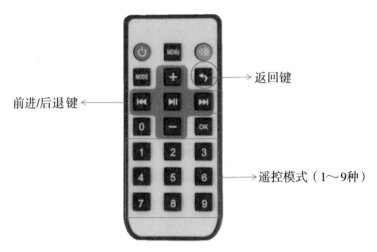

返回键

前进/后退键 ←

遥控模式（1～9种）

图 2 遥控器

遥控器是一种用来进行远距离控制的机械装置。

我们的大脑通过耳朵听取声音并进行交流和沟通，而机器人的大脑则是通过红外接收器（如图 3 所示）接收红外信号来进行交流和沟通。

遥控接收端

接收遥控器发射的红外信号，再将这个信号转换为输入信号

图 3 红外接收器

耳朵长在我们的脑袋上，通过神经纤维与大脑中枢连接。要让机器人的大脑能够接收红外指令，必须先将红外接收器连接到机器人的大脑上（如图4所示）。红外接收器就相当于机器人的耳朵，而中间的连线就是神经纤维！

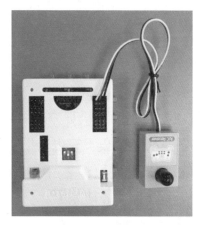

注：红外接收器的白色、红色、黑色线分别接至QTSTEAM控制器IR端口的"IR"、"+"、"-"端。

图4 红外接收器与QTSTEAM控制器的连接示意图

我们能够思考和学习，是因为每天我们都要吃饭给大脑提供能量！机器人的大脑想要工作也需要给它提供能量，而为机器人大脑提供能量的就是电池（如图5所示）。

图5 电池和电池盒

使用大容量充电电池时需要注意的事项包括以下几点：

❶ 电池的安装：注意电池和电池盒上"+"和"−"的标志，将电池按对应标志正确装入电池盒。如果电池装反，则有可能被充电或短路。

❷ 电池的取出：如果长时间不使用电池，应将电池从电池盒中取出，放置于阴凉干燥的环境中。

❸ 电池盒与机器人大脑的连接：先将装好电池的电池盒连接到机器人大脑的电源插口，再按下电源开关使其工作。

❹ 电池的充电：充电时电池按正确的极性方向装入充电器，切记不要装反。充电结束后，取下电池并从电源插座上拔下充电器插头。

现在，我们将电池正确地安装到电池盒中，然后将电池盒的插头插到QTSTEAM 控制器的电源接口上（如图 6 所示）。

图 6 QTSTEAM 控制器与电池盒安装示意图

QTSTEAM 控制器有多种工作模式，就像我们每天也有多种模式一样，如上课模式、吃饭模式、玩游戏模式等！每种模式需要用到的大脑思维和身体部位都不一样。QTSTEAM 控制器共有 8 种工作模式，可以通过控制器上的三个小拨码开关来进行选择。

现在选择我们第一堂课的工作模式，将拨码开关拨至图 7 所示的状态或者样子。在这个模式下，我们可以用遥控器控制 QTSTEAM 控制器上指示灯的亮灭及各种闪烁方式。

图 7　工作模式 1 拨码开关示意图

是不是像家里的电视机一样呢？

 拓展学习

❶ 查询和了解人类大脑的基本结构，探究大脑不同部位的功能（如图 8 所示）。

❷ 了解五官获取信息和知识的方式。

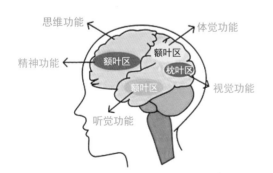

图 8　大脑内部结构和功能

第2课　表情和动作：机器人怎么做

碰到开心的事情，我们开怀大笑；

碰到伤心的事情，我们泪眼婆娑；

遭遇挫折的时候，我们垂头丧气；

赢得胜利的时候，我们意气风发；

……

我们每天都有很多不同的情绪或者心情，并通过相应的表情将这种情绪或心情表达出来。

机器人能够有表情吗？必须能！但是要使机器人像人类一样来表达情绪，目前还比较困难！

然而，聪明的我们可以用一种最简单的方式来代替，那就是用我们第1课学过的控制器上的指示灯！

比如：

红灯亮，表示我受伤了，小朋友要关心我；

绿灯亮，表示我很安全，小朋友可以触摸我；

黄灯亮，表示我在工作，小朋友不要打扰我；

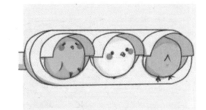

红黄绿交替亮，像流水灯一样，表示我很开心……

小朋友们可以定义指示灯亮和灭的组合，来表达机器人的不同表情，这就是编码！

可以用指示灯亮和灭的组合，来表
示更多的机器人情绪，但是要符合我们
人类的感觉。

机器人的情绪，用机器人的专业术
语来讲，就是机器人的状态。

当然，人的不同情绪也称为人的不
同状态，如开心状态、伤心状态等。

开怀大笑和垂头丧气都是通过我们
身体肌肉的收缩和扩张来完成的，我们
的每一个动作都是通过肌肉来驱动的。

那么，机器人通过什么来完成动作呢？目前最常用的就是电机（如图9所示）。

电机将电能转换为机械的转动来完成动作。机械的转动通过一些机构的变
换转换成不同形式的动作！

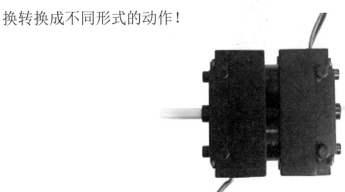

图9　直流减速电机

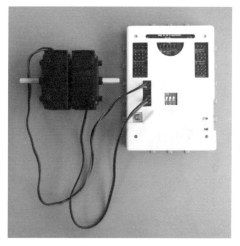

将两个直流减速电机连接到 QTSTEAM 控制器专用的控制接口上（如图 10 所示），再将机器人 QTSTEAM 控制器的工作模式切换到工作模式 2（如图 11 所示）。

给 QTSTEAM 控制器插上电源，打开开关。

图 10 电机与 QTSTEAM 控制器连接示意图　　　图 11 工作模式 2 的拨码开关示意图

分别按下遥控器上的按键 1、2、3 和 4，观察两个电机的转动情况。

如果看不清楚电机的转动情况，可以将两个轮子都装到电机的输出轴上（如图 12 所示）。

图 12 将轮子安装到电机的输出轴上

将两个装上轮子的电机并排排列（如图 13 所示），观察两个轮子在四个按键按下时的转动情况；再把两个轮子背对背排列（如图 14 所示），再观察两个轮子在四个按键按下时的转动情况。

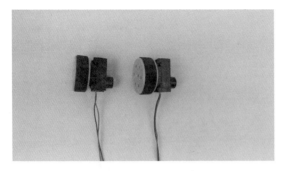

图 13 电机并排排列示意图

图 14 电机背对背排列示意图

比较一下，有没有发现什么不同呢？轮子有两个转动方向，按照转动方向的不同，分别定义为顺时针转动方向和逆时针转动方向（如图 15 所示）。

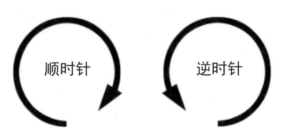

图 15 顺时针和逆时针示意图

QTSTEAM 控制器可以控制电机的转动方向，两个方向就代表肌肉的收缩和扩张方向。

 拓展学习

❶ 查询和了解人体肌肉的数量（如图 16 所示），探究常见的机器人玩具上（如图 17 所示）有多少个电机。

图 16　人体肌肉结构彩图

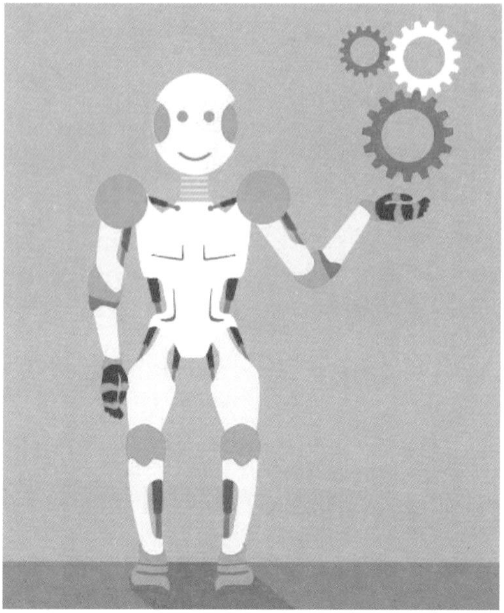

图 17　人形机器人

❷ 探究两种电机的概念：连续旋转电机（如图 18 所示）和角度舵机（如图 19 所示）。

图 18　连续旋转电机

图 19　角度舵机

下一节课我们将制作第一款遥控机器人——聪明的狐狸。请同学们先预先查询了解一下狐狸的聪明表现在哪些方面。

第3课 第一款遥控机器人：听话的狐狸

两只小狗互相争夺美食。

"这是我发现的，所以是我的！"

"不对，是我先发现的，应该是我的！"

"不，是我的，拿来！"

"才不给哩！"

"放手啊！"

"才不放手呢！"

两只小狗互不退让，都紧抓着食物不放。

过路的狐狸停住了脚，用两只闪亮的眼睛看了看。然后跑到两只小狗中间。

"小狗、小狗，你们在吵什么呢？"

"嗯！狐狸先生，请评评理，是他想抢走我发现的食物啊！"

"不对，这是我先发现的！"

"我知道了，知道了！我会好好地把食物帮你们分成两半的，不要再吵了，去拿秤来！"

狐狸将食物分成两半，并且用秤量了起来。

"咦，左边比较重喔！"

狐狸说着就把左边的一半咬下了一小口。

"啊！这次变成右边比较重啦！"

接着狐狸又咬了一口右边的食物。

"这样右边又太轻了！"

于是再咬下一口左边的食物。

两只小狗睁着眼睛看着秤上的食物变成了豆粒般大小。

"实在没办法啦！就让我吃光吧！"

结果狐狸把食物吃得一干二净，还说：

"啊！真好吃！嗨！再见了！"

多么狡猾的狐狸呀！

"我们两个如果不吵架，好好地把食物分开来吃该多好啊！"两只小狗垂头丧气，以后再也不敢吵架了。

小朋友们，上面的狐狸狡猾在哪里呢？

现在让我们了解一下故事中的狐狸吧！

虽然我们还不能制作出像故事中那么狡猾的狐狸，但是我们可以先制作出一个听话的狐狸！

 认真观察：狐狸有什么典型的外部特征？

_____的脑袋

_____的尾巴

_____的身体

_____的四肢

同学们，想想怎么用积木制作狐狸模型呢？

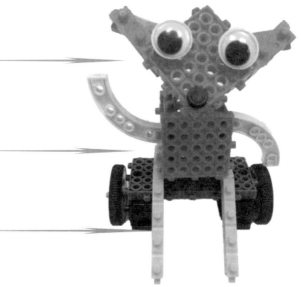

狐狸模型制作步骤：

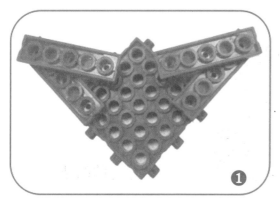

❶

❷

❸

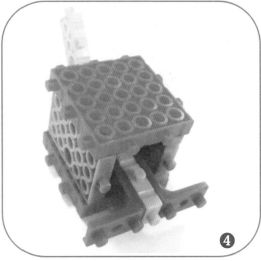

❹

❺

连接图 ❷ 模型和图 ❹ 模型

❻

图 ❺ 模型侧面

⑦

⑧

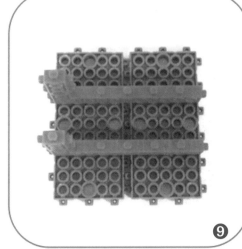

⑨

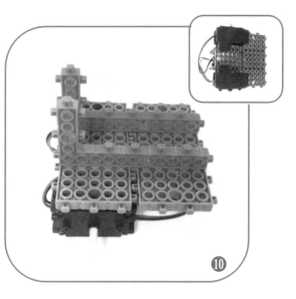

⑩

组装轮胎和电池盒

组装 QTSTEAM 控制器

连接图 ❽ 模型和图 ⓭ 模型

安装红外接收器

将机器人 QTSTEAM 控制器的工作模式切换到工作模式 3（如图 20 所示），即遥控狐狸模式。

图 20　工作模式 3 的拨码开关示意图

 比比看

在地上画一条直线，长度在一米以上。

把做好的狐狸机器人放在起点，摆正方向，按下前进键，以便遥控它沿着直线行走，看看狐狸是不是能够沿直线行走呢？

注意：只能按前进键，不要按其他控制键，而且摆放的方向一定要非常准确！

狐狸能否走得跟地上画的直线一样直呢？

通过这个比赛我们了解到，我们制作的机器人其实际表现与我们所想象的或者说所要求的总是会有些差别，这些差别来自哪里呢，同学们请思考一下。

在开篇的故事中，聪明的狐狸就是利用了在分食物时其实是不可能分得非常准确的这一原理来骗走小狗的食物的。

 狐狸机器人制作中用到的数学

❶ 狐狸机器人模型中用到了哪些形状的积木块？又用到了哪些辅助的零件呢？

❷ 各类零件的数量有多少？总共用了多少个零件？

小朋友们，请将上述问题和答案做成表格的形式，学会统计。

同学们，你们知道这些模块的命名吗？

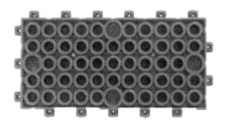

5×11 模块

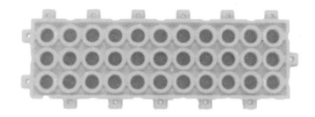

3×11 模块

3×5 模块

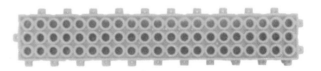

3×21 模块

135°模块

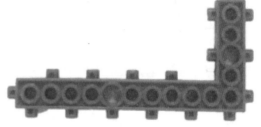

90°模块

电机固定模块

三角形模块

11孔框架

第4课 遥控狐狸走迷宫大战

上一节课我们制作了一只听话的狐狸，本节课我们先把狐狸快速地重新制作出来！

用遥控器遥控一下试试，看看它是不是完全听从你的指挥呢？

练习5分钟，看看能不能熟练地操作机器人前进。

现在我们来设计一个迷宫！

利用我们身边的物品或者器材就可以制作出一个类似图21所示的简单的迷宫。

图21 简单的迷宫

由老师负责计时，每位同学遥控狐狸机器人从起点通过迷宫走到终点。在操作过程中，狐狸机器人不能碰撞墙壁，碰撞一次罚时2秒。

打开智能手机，找到手机上的秒表功能进行计时（如图22所示）。

比赛的规则很简单，通过迷宫时间最短的同学即为冠军。

小朋友们，比比看，谁是冠军？

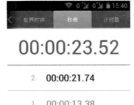

图 22 手机上的秒表功能

 比赛中的数学

长度的单位：厘米。

迷宫场地的大小：长是多少？宽是多少？过道宽度是多少？

时间的单位：秒和分钟，秒和分钟的换算关系。

罚时的处理：减法。

第5课　仿生动物迷宫大比拼

动物园中有哪些常见的动物?

鸵鸟?骆驼?熊猫?鳄鱼?大象?野兔?

这些动物都有什么特征?我们来一一分析一下。

两人一组,分别挑选自己最喜欢的动物制作一个可遥控的机器人吧!

快乐的鸵鸟

不会行走的骆驼

听话的鳄鱼

再来一场迷宫大比拼！

采用同样的电机和转速，怎么才能让机器人跑得更快一些呢？是大的轮子跑得快，还是小的轮子跑得快呢？

 动物大比拼中的数学

谁是跑得最快的动物？速度的描述单位。
谁是长得最高的动物？高度的描述单位。
陆地上最大最重的动物是什么？重量的描述单位。
海洋中最大最重的动物又是什么？

第 2 章 规则：智能的第二种形式

在学校里不仅要认真听讲，还要遵守课堂纪律和校园纪律。

这些纪律概括起来就是规则，我们可以这样来描述这些规则：

如果是在上课，那么我就不能乱说话；

如果在课堂上有问题，那么我就要先举手；

如果举了手而且老师同意了，那么我就可以站起来发言了。

这些都是课堂守则，也就是规则，聪明的孩子都会遵守这样的规则！

从小爸爸妈妈都会教我们很多规则。

总结一下，我们在生活中应该遵守哪些规则呢？

从某种意义上说，懂得的规则越多，你就越聪明。

第二种智能形式：遵守和执行规则

第6课 循线规则与循线机器人的制作

我们开车时，其实就是在按照循线规则控制汽车。

循线规则：

当看到车往路的左侧偏时，我们就稍微往右转一下方向盘；

当看到车往路的右侧偏时，就稍微往左转一下方向盘；

当感觉车是在沿直线行走时，我们就保持方向盘不动。

以上三条规则就是循线规则。

现在我们来制作一辆可以在地上循着黑色线条行走的机器人小车。

我们将可以自动循线行走的小车称为机器人小车。

机器人循线需要用到循线传感器，这种传感器不仅能够发射红外光线，还能够看到是否有红外光线被反射回来。其工作示意图如图 23 所示。

循线传感器相当于我们人类的眼睛。

人类的眼睛能够看见的光称为可见光，而循线传感器能够看见的光则是红外光。

所不同的是，人类的眼睛不发光，而循线传感器可以自己发射红外光。

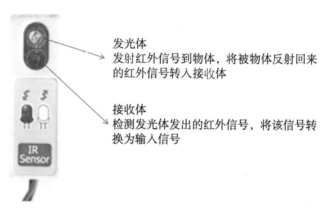

发光体
发射红外信号到物体，将被物体反射回来的红外信号转入接收体

接收体
检测发光体发出的红外信号，将该信号转换为输入信号

图 23 循线传感器工作示意图

循线传感器是如何工作的呢？

循线传感器的工作原理如图 24 所示。

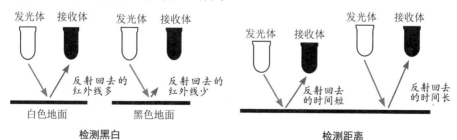

图 24 循线传感器工作原理

注意：循线传感器能探测的高度有限，它的最佳安装高度约为 5 毫米。超出这个高度范围，循线传感器就看不到黑线了。

每种传感器都有自己的探测范围，就像我们人类的眼睛在阅读时也有一个有限的范围。当超出这个范围时，我们就看不清了。

利用工具箱中的模块、电机、循线传感器和 QTSTEAM 控制器制作一台可以循线的小车吧。

循线小车制作步骤：

车底 ❸

❹

❺

车尾 ❻

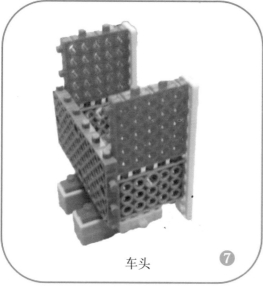

车头 ❼

安装循线传感器

❽

❾

安装电池盒

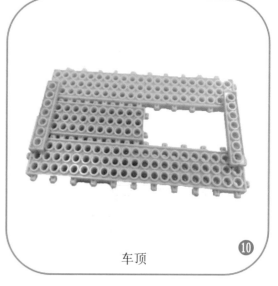

❿

车顶

安装 QTSTEAM 控制器

注：左右两个循线传感器分别连接到 QTSTEAM 控制器上的 IN1 和 IN2 端口，传感器的白色、红色、黑色线分别接入"S"、"+"、"-"端。

在专用的场地或者老师指定的地方用黑色的胶带贴一个封闭的路径，如图 25 所示。

图 25 制作小车循线路径

将机器人 QTSTEAM 控制器的工作模式切换到工作模式4（如图26所示）——自动循线模式。

图 26　工作模式 4 的拨码开关示意图

将做好的机器人小车放到场地上，让两个循线传感器跨在黑线上面，按下电源开关，观察小车是否可以循着黑线自动前进。

如果不能，看看可能是下面哪一种情况？

❶ 机器人小车直接往前走，没有任何要沿着黑线行走的循线动作，出现这种情况的原因是传感器没有起作用，要么传感器坏了，要么是安装高度有问题。处理的方法是：检查传感器的安装高度是不是在它的工作范围之内。如果是，那就要更换传感器了。

❷ 循线动作反了，即机器人小车的循线动作是离开黑线的，出现这种情况的原因是左右循线传感器在接至控制器上时接反了。处理的方法是：将两个循线传感器的安装位置对调一下。

总结整理一下，本节课制作的循线机器人会执行三条规则。

规则 1：如果左边的传感器检测到黑线，那就往左转一点；

规则 2：如果右边的传感器检测到黑线，那就往右转一点；

规则 3：如果两个传感器都没有检测到黑线，那就往前走。

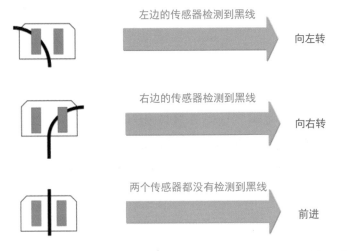

左边的传感器检测到黑线 → 向左转

右边的传感器检测到黑线 → 向右转

两个传感器都没有检测到黑线 → 前进

注意，规则 1 和规则 2 是不是同我们开车的规则不太一样？想一想，这是为什么呢？

 课堂中的数学

长度的单位：毫米。

毫米和厘米的换算关系，毫米和米的换算关系。

第7课 会停站的循线机器人

只会循线的机器人并没有什么实际的用途。

只有到了站会停下来的机器人才是有用的机器人。

如何在一个封闭的黑胶带上标记一个站点，让机器人知道这是一个停靠站点呢？

最简单的方法是在上面贴一个黑色横条（如图27所示），其宽度要比两个循线传感器的安装宽度宽一些。

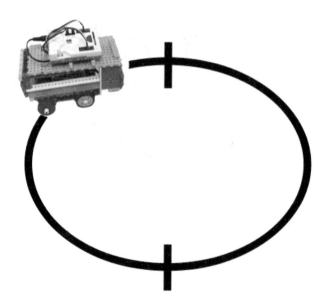

图27 停靠站点示意图

站点标记出来了，机器人怎么知道到了站点呢？

这时只要教给机器人一条新的规则，机器人就能够在站点停下来。

规则 4：如果两个循线传感器都检测到黑线，那就停止 5 秒钟。

将机器人控制器的工作模式切换到工作模式 5（如图 28 所示）——停站循线模式。

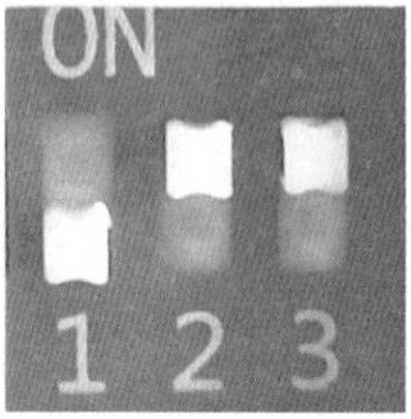

图 28　工作模式 5 的拨码开关示意图

将做好的机器人放到场地上，让两个循线传感器跨在黑线上面，按下电源按钮，观察小车能否循着黑线自动前进，以及到了站点后会不会停下来 5 秒钟，然后再继续沿着黑线前进。

与我们人类一样，机器人懂得的规则越多，就越聪明。

不过，机器人的规则都是我们教给它的，是通过编程的方式告诉机器人如何遵守规则的。如果要制作更加聪明的机器人，你就必须自己懂得更多的规则。所以，同学们要努力学习各种知识和规则哦。

关于规则的进一步说明

从规则 1 到规则 4，都是用了"如果……，就……"这样的语句。这是我们描述规则的一般形式。

"如果"后面的句子，我们称之为"条件"，"就"后面的句子，我们称之为"结果"或者"执行"。

把规则 1 和规则 2 同规则 3 和规则 4 比较一下，是不是有不同的地方？

规则 1 和规则 2 只讲了一个循线传感器的状态，而规则 3 和规则 4 却讲了两个传感器的状态，所以其实规则 1 和规则 2 是不完整的。

完整的四条规则如下：

规则 1： 如果左边的传感器检测到黑线，而右边的传感器没有检测到黑线，就往左转一点；

规则 2： 如果右边的传感器检测到黑线，而左边的传感器没有检测到黑线，就往右转一点；

规则 3： 如果两个传感器都没有检测到黑线，就往前走；

规则 4： 如果两个循线传感器都检测到黑线，就停止 5 秒钟。

第8课　防追尾的循线机器人

开车时，如果看到前面的车行驶比较缓慢，当快要撞上的时候，我们要赶紧踩刹车，使汽车慢下来，以免追尾。

因为公路上总是有很多车，所以我们要时刻防止追尾。追尾可是很严重的交通事故哦！

如果轨道上有多辆循线小车，它们的速度不会完全相同，所以一定会有后面的小车撞上前面的小车的情况发生。

怎么才能让小车知道自己撞上了前面的小车呢？此时我们要用到一种触碰传感器（如图 29 所示）。

将触碰信号转化为电信号ON/OFF

触碰传感器相当于机器人的皮肤，触碰传感器一旦接触到其他物体就会发生感应，同时通知机器人主控系统

图 29　触碰传感器

将触碰传感器按照图 30 所示装到机器人小车的前面，并将信号线插到机器人 QTSTEAM 控制器上。

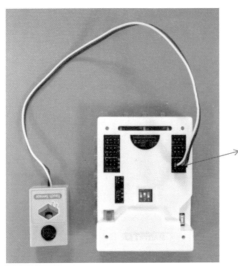

注：触碰传感器的白色、红色、黑色线分别接入 QTSTEAM 控制器 OUT5 端口的 "S"、"+" 和 "-" 端。

图 30 触碰传感器连接 QTSTEAM 控制器示意图

循线机器人制作步骤：

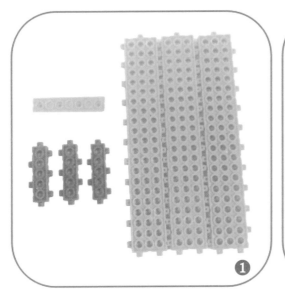

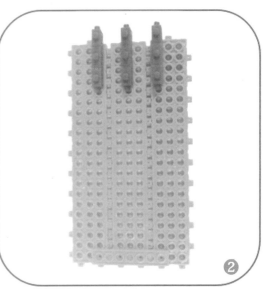

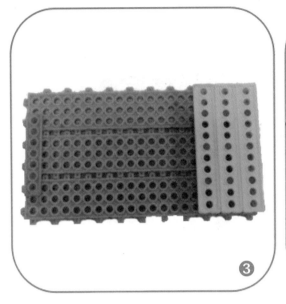

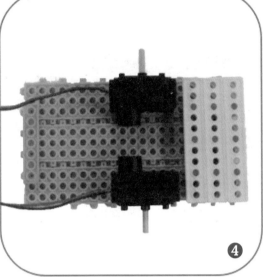

③

④

安装电机

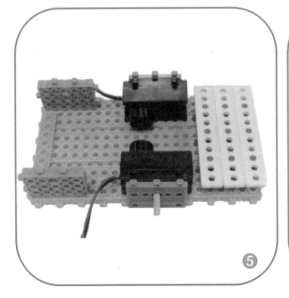

⑤

⑥

安装循线传感器和轮胎

⑦

⑧

安装电池

⑨

安装 QTSTEAM 控制器

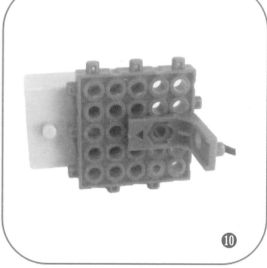

⑩

安装触碰传感器

⑪

⑫

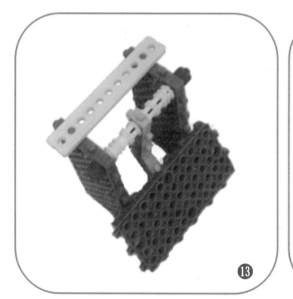

⑬

⑭

将机器人控制器的工作模式切换到工作模式 6（如图 31 所示）——防追尾循线模式。

图 31 工作模式 6 的拨码开关示意图

将做好的机器人放到场地上，让两个循线传感器跨在黑线上面，按下电源按钮，观察小车能否循着黑线自动前进；到了站点后会不会停下来 5 秒钟，然后再继续沿着黑线前进；当行走的机器人碰到停在站台的机器人时会不会停下来。

这个防追尾的循线机器人又懂得了一条新的规则：

规则 5：　如果触碰传感器碰到了物体，那么机器人就要停下来。

机器人懂得的规则越多，就越聪明，也就越智能。

 规则中的数学

一个循线传感器可以检测到两种情况：是黑线或者不是黑线。

左右安装的两个循线传感器可以检测到四种情况，想一想是哪四种情况呢？

如果在左、中、右分别安装一个循线传感器，又可以检测到几种情况呢？请仔细思考，一一列举出来，并填写下表。

左边的传感器	中间的传感器	右边的传感器
黑	黑	黑

第9课 创意制作 I

 知识回顾

同学们，我们学过了哪些传感器？你还记得它们是怎么工作的吗？

触碰传感器

循线传感器

利用机器人QTSTEAM控制器的工作模式6，制作出一款你心目中的机器人，使得该机器人既能够循线，又能够防止追尾事故的发生。

 拓展学习

当公交车急刹车时，为什么人会向前倾倒呢？这是由于惯性作用。在日常生活中还有哪些现象也是惯性作用呢？

第3章 规则改变，智能行为改变

第10课 巧用传感器：孤岛漫游机器人

　　循线传感器之所以能检测到黑线，是因为黑线将传感器发射的红外线吸收掉了，红外线没有反射回去，故传感器检测不到红外线；而其他颜色的地面会将红外线发射回去，故传感器能检测到红外线。

　　传感器通过检测有没有红外线来判断是否在黑线上。

　　如果循线传感器下面没有地面，是不是就没有红外线可以反射回去？传感器也检测不到红外线呢？

　　答案是肯定的。

　　利用这个原理我们可以制作一个孤岛漫游机器人，它可以在桌面上自由行走，而不会掉下去。

孤岛漫游机器人制作步骤：

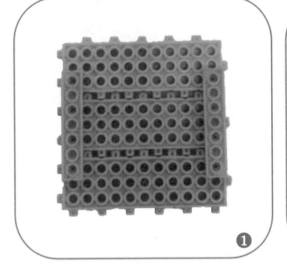

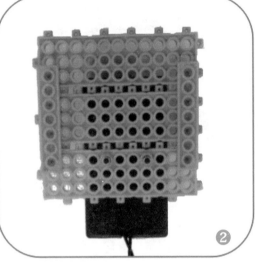

安装电池盒

模型 **5** 与模型 **4** 对称

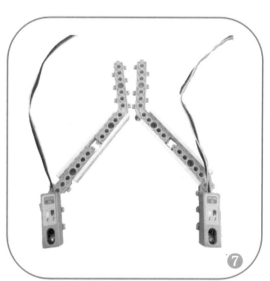

安装循线传感器

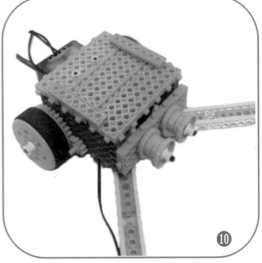

安装 QTSTEAM 控制器

注：因为齿轮传动会改变轮胎的运动方向，所以接线时电机的正负极反接。

孤岛漫游机器人与循线机器人最大的区别是循线传感器的安装方式不同！

将机器人控制器的工作模式切换到工作模式 7（如图 32 所示）——孤岛漫游模式。

图 32 工作模式 7 的拨码开关示意图

将机器人放到一个桌面上，按下电源按钮。观察机器人的表现，它会掉下桌面吗？

根据机器人的表现，总结出机器人行为遵守的规则如下：

规则 1：如果左边的传感器没有看到桌面，而右边的传感器看到了，就后退再右转；

规则 2：如果右边的传感器没有看到桌面，而左边的传感器看到了，就后退再左转；

规则 3：如果两个传感器都没有看到桌面，就后退再掉头；

规则 4：如果两个传感器都看到桌面了，就继续前进。

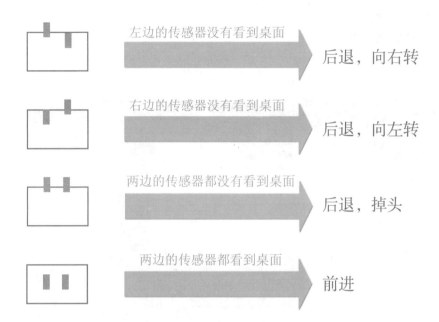

左边的传感器没有看到桌面　　后退，向右转

右边的传感器没有看到桌面　　后退，向左转

两边的传感器都没有看到桌面　　后退，掉头

两边的传感器都看到桌面　　前进

第11课 更聪明的孤岛漫游机器人

如果岛上有很多树，机器人该如何检测到树？如果检测到了，又该怎么办呢？还记得第8课的触碰传感器吗？

给孤岛漫游机器人前面安装一个触碰传感器，当机器人前进时如果前方有树，则触碰传感器能够最先碰到。

更聪明的孤岛漫游机器人制作步骤：

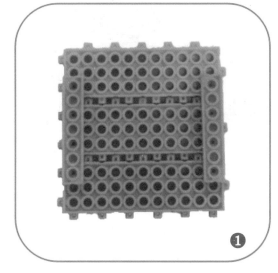
❶

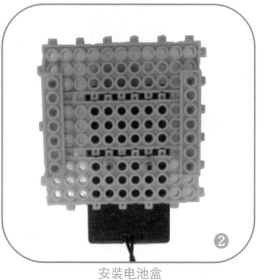
❷

安装电池盒

❸

❹

模型 ❺ 与模型 ❹ 对称

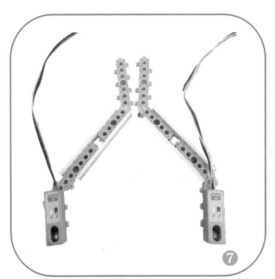

安装循线传感器

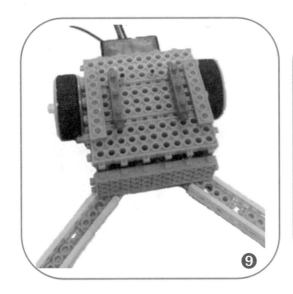

安装 QTSTEAM 控制器

安装触碰传感器

连接模型 ⑩ 与模型 ⑬

注：因为齿轮传动会改变轮胎的运动方向，所以接线时电机的正负极反接。触碰传感器连接 QTSTEAM 控制器的 OUT5 端。

将机器人的工作模式切换到模式 8（如图 33 所示）。

图 33 工作模式 8 的拨码开关示意图

在桌上放置几个代表树的障碍物，让机器人在桌面上行走，观察机器人的表现。

当机器人碰到障碍物时是不是会掉头？此时机器人的行为遵循了什么规则？

规则 5：如果碰到障碍物，就掉头。

这个规则同第 8 课的规则不同，同样是传感器碰到了前方的物体，第 8 课的防追尾循线机器人选择了停下来，而本课的孤岛漫游机器人则选择了掉头！

第12课 创意制作 II

知识回顾

循线传感器在循线机器人和漫游机器人中的作用是一样的吗？

循线机器人

漫游机器人

利用机器人QTSTEAM控制器的工作模式8，制作出一款你心目中的机器人，使得该机器人能够在桌面上行走，不会掉下来，并且当碰到障碍物时还会掉头。

第 4 章 课程总结

同学们，还记得我们这学期学习的 QTSTEAM 控制器能实现哪些功能吗？你最喜欢哪个功能？

想一想，为什么控制器能知道我们选择的是哪个功能呢？你发现了什么规律？

工作模式1　　工作模式2　　工作模式3　　工作模式4

工作模式5　　工作模式6　　工作模式7　　工作模式8

其实，机器人是使用了二进制"0"和"1"来表示开关的状态。

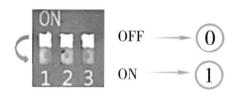

OFF $\longrightarrow$ ⓪

ON $\longrightarrow$ ①

拨码开关向上为"0"，向下为"1"

拨码开关"000"表示的是工作模式 1；

拨码开关"001"表示的是工作模式 2；

拨码开关"010"表示的是工作模式 3；

······

拨码开关"111"表示的是工作模式 8。

这样，通过位数的拓展，用数字"0"和"1"就可以表示机器人的模式和状态，实现智能沟通了！

中国教育机器人大赛（简称 ERCC）介绍

大赛主题

教育机器人与 STEAM 教学的融合

大赛宗旨

推动人工智能教育机器人进课堂，促进机器人创新实践教育的普及和实施。

大赛目标

借助教育机器人竞赛平台，检验学生多元知识学习和综合实践项目的互相促进效果，展示自主创新成果，弘扬创新创业文化，激发青少年创新的热情，为培养更多的创新型人才打下坚实基础，打造国际最具影响力的教育机器人平台。

主办单位

中国人工智能学会

协办单位

中国人工智能学会智能机器人专业委员会

教育部机械类专业教学指导委员会

技术委员会

李泽湘教授	香港科技大学	孙增圻教授	清华大学
黄心汉教授	华中科技大学	吕恬生教授	上海交通大学
周献中教授	南京大学	张文锦教授	东南大学
马宏绪教授	国防科技大学	秦志强博士	松山湖国际机器人研究院

官网地址

www.ercc.org.cn

ERCC 之竞赛项目——小小车迷

参赛对象：小学一 / 二年级及以上学生

竞赛类型：个人赛

配套教材：初识人工智能

竞赛套件：Primer Kit

比赛任务：用最短时间选择正确的控制功能、组装小车完成一圈循线和停站任务。

比赛时间：组装调试 30 分钟 + 一圈循线和停站任务（6 分钟内）。

竞赛说明：本项目是模拟无人驾驶的小车按既定路线前行和停站。车体由积木拼装，要求在封闭路径下按设定站点依次循线前行并停站，学习难度较小，趣味性强，是学生接触人工智能与机器人启蒙的第一步。用最短时间完成组装调试和循线任务的个人为冠军。

竞赛地图：

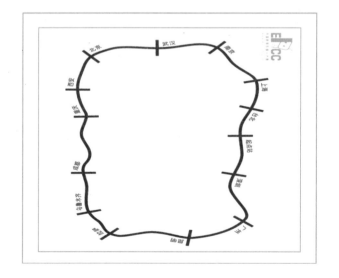